⫸⫸⫸ 关于作者 ⫷⫷⫷

苗德岁 古生物学家、儿童科普作家。现供职于堪萨斯大学自然历史博物馆暨生物多样性研究所，中国科学院古脊椎动物与古人类研究所客座研究员。著有《物种起源（少儿彩绘版）》《天演论（少儿彩绘版）》《自然史（少儿彩绘版）》等儿童科普图书。

⫸⫸⫸ 关于绘者 ⫷⫷⫷

亚历山大·克雷洛夫 1980年出生于莫斯科，建筑师，对绘画充满热情。他对时常经过家门口的火车、船只和飞机痴迷不已。2005年荣获俄罗斯建筑与工程科学院毕业设计金奖，2017年在莫斯科举办个人作品展览。

图书在版编目（CIP）数据

睡着的石头会说话 / （美）苗德岁著；（俄罗斯）亚历山大·克雷洛夫绘. —南宁：接力出版社，2022.4
（小万有通识文库. 全科系列）
ISBN 978-7-5448-7651-3

Ⅰ. ①睡… Ⅱ. ①苗… ②亚… Ⅲ. ①化石 - 儿童读物 Ⅳ. ①Q911.2-49

中国版本图书馆CIP数据核字(2022)第040647号

责任编辑：刘天天　　装帧设计：林奕薇　　美术编辑：林奕薇
责任校对：高　雅　　责任监印：刘　冬
社长：黄　俭　　总编辑：白　冰
出版发行：接力出版社　　社址：广西南宁市园湖南路9号　　邮编：530022
电话：010 - 65546561（发行部）　　传真：010 - 65545210（发行部）
网址：http://www.jielibj.com　　E - mail：jieli@jielibook.com
经销：新华书店　　印制：北京富诚彩色印刷有限公司
开本：889毫米×1194毫米　1/16　　印张：2　　字数：30千字
版次：2022年4月第1版　　印次：2022年4月第1次印刷　　定价：38.00元

审图号：GS（2022）1914号

SHUIZHAO DE SHITOU HUI SHUOHUA

睡着的石头会说话

［美］苗德岁 /著

［俄罗斯］亚历山大·克雷洛夫 /绘

接力出版社
Publishing House

说起化石，大家都会想起恐龙化石。事实上恐龙化石只是化石中的一小部分。

化石是远古生物留下的遗体或遗迹，它们曾亲身经历或亲眼见证地球上的沧桑巨变以及生物演化的历史，是沉睡在石头中的"时光老人"。古生物学家常说，如果遗体或骨头还会发臭的话，那就交给别人去研究吧——我们只研究生活在 10000 年以前的生物。

一般来说，远古动物死后，它们的肌肉与内脏等软组织会很快腐烂或被其他动物吃掉，只剩下牙齿和骨骼等坚硬的部分。这些牙齿和骨骼如果被雨水冲到附近的湖泊与河流中，会被泥沙迅速埋藏，就很有可能成为化石。

水里的矿物质会极为缓慢地替代原有的有机质，逐渐渗透、沉淀在牙齿与骨骼中的有机质腐烂后留下的空间里，使这些牙齿和骨骼的原始形态得以完好地保存，并变成"石头"。这一过程也被称作"石化过程"。

　　按照化石的保存方式，古生物学家把化石大致分为四类：**实体化石**、**模铸化石**、**遗迹化石**和**化学化石**。

实体化石指生物遗体的全部或一部分变成了化石，一般只有贝壳、牙齿、骨骼等硬体部分能够保存下来。

　　模铸化石指生物遗体在岩层中留下了印痕，之后它所遗留的印痕空腔中又沉积了填充物，就像是用模子铸造出来的一样。这些生物遗体本身虽然被矿物质所取代，却真实地保存了自己的外部形态。

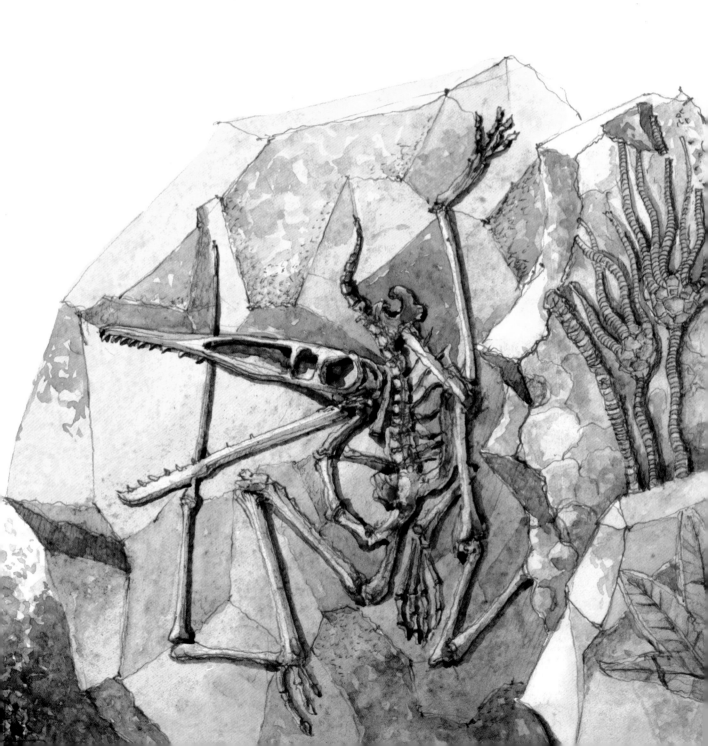

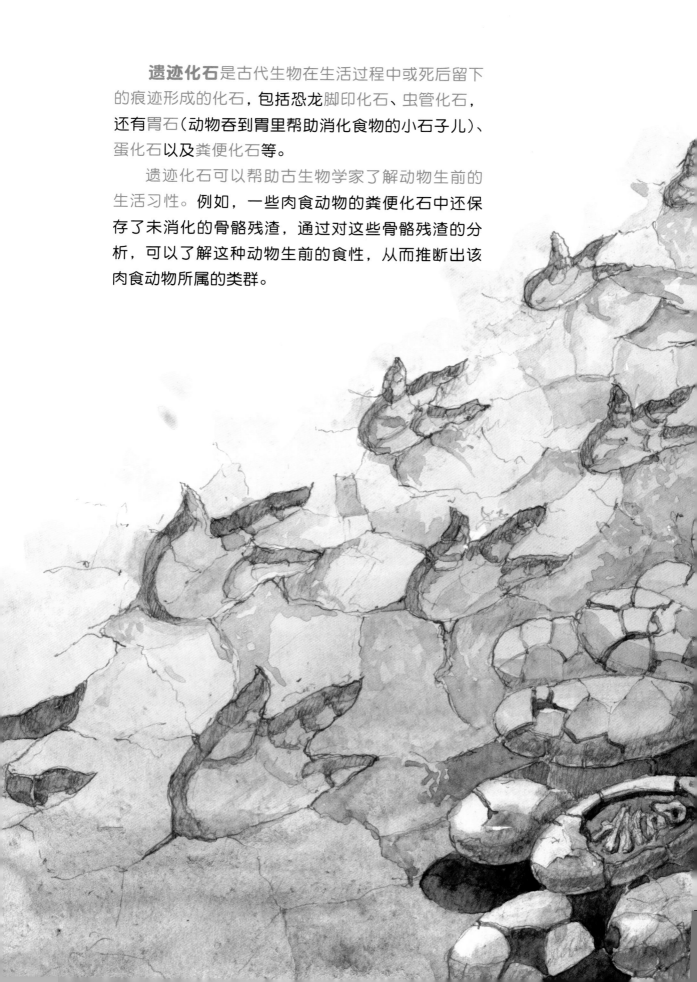

遗迹化石是古代生物在生活过程中或死后留下的痕迹形成的化石，包括恐龙脚印化石、虫管化石，还有胃石（动物吞到胃里帮助消化食物的小石子儿）、蛋化石以及粪便化石等。

遗迹化石可以帮助古生物学家了解动物生前的生活习性。例如，一些肉食动物的粪便化石中还保存了未消化的骨骼残渣，通过对这些骨骼残渣的分析，可以了解这种动物生前的食性，从而推断出该肉食动物所属的类群。

有些蛋化石（如恐龙蛋、翼龙蛋、鸟蛋）中甚至还保存有动物的胚胎，通过对这些胚胎完整骨骼的研究，古生物学家便能够鉴定出这些蛋属于哪种动物。

化学化石是指在岩石中发现的氨基酸、核苷酸、脂肪酸和蛋白质等生物化学物质。虽然它们未必能与特定的生物类群挂上钩，却能表明生物成因，这是地球上早期生命存在的重要证据。

煤、石油以及天然气也都是化学化石，它们的化学成分可以显示其生物成因，被人们称作"化石燃料"。

除去前面所讲的四种化石之外，还有一些十分"特殊"的化石，其中有很多根本就不是石头，但它们同样是远古的史前生物的遗体，因此也被称作化石。

例如古生物学家在煤层中发现的由树脂（即树木分泌的无定形有机质）固结变成的琥珀化石，那里面常常保存着完整的昆虫（如蚊子、蜜蜂等）。

俄罗斯科学家还曾在西伯利亚冻土层里发现了一些猛犸化石：大约 28000 年前，在这里生活的猛犸死亡之后，被迅速地埋藏在冻土层中，就像一直被冷冻在天然大冰柜中一样。这些猛犸化石不仅骨骼完整，连皮毛血肉，甚至胃中的食物也被保存了下来。

还有一些特殊的保存条件，能使化石以人们意想不到的方式得以完整保存。

　　例如，在沥青湖（或焦油坑）、沼泽地、流沙层和火山灰中就常常保存着完整的生物化石。这些动物不知道沥青湖是天然陷阱，不慎走了进去，结果再也无法逃离。闻名世界的美国汉柯克化石公园中就有一个沥青湖遗址。

美国怀俄明州有一个"天然陷阱洞穴"。冰期，地表被冰雪覆盖，不少北美猎豹和狼之类的肉食动物在追逐猎物（如羚羊、马等）时失足跌入这个地下溶洞，然后被一层又一层的沉积物掩埋，成为完整的化石骨架。这些化石大部分还保存有珍贵的DNA，这可是目前古生物学的研究热点。

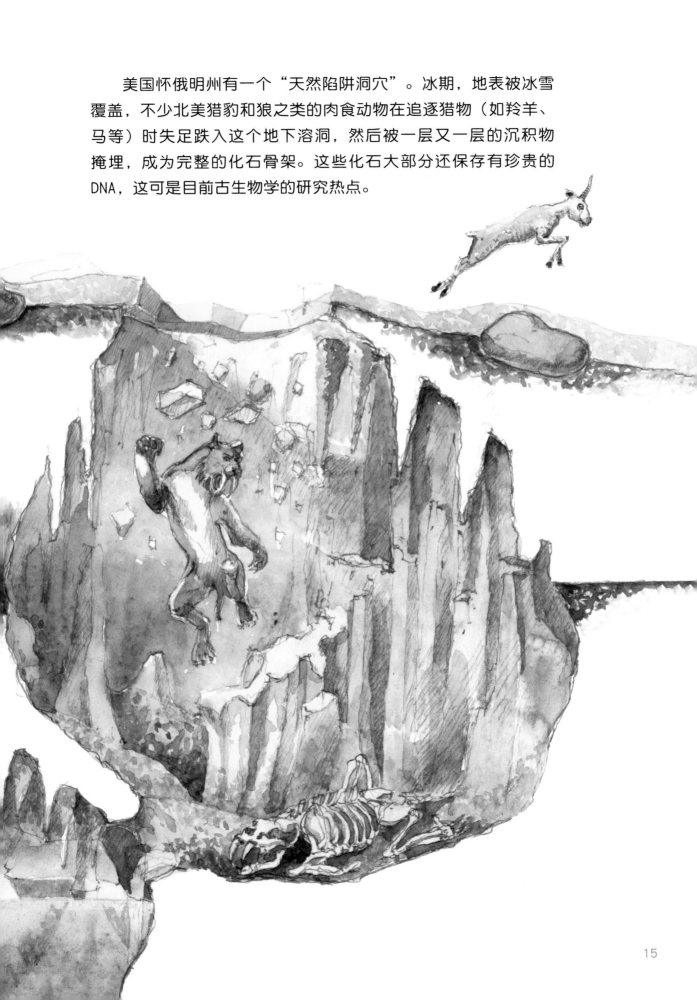

硅化木是另一种有趣而特殊的化石。

　　硅化木一般是树木被富含氧化硅的淤泥或者火山灰等沉积物掩埋后形成的。这些沉积物中的矿物质会慢慢渗入树木细胞内的微小孔隙并沉淀下来，取代原来的木质部，并保留了树木原有的形态结构。有些地方的硅化木是在直立状态下被沉积物掩埋的，以森林的模样完好地保存了下来，形成了十分壮观的硅化木化石森林。

　　我国有不少硅化木化石森林。唐朝诗人陆龟蒙就曾提到："东阳多名山，就中金华为最……中绕古松，往往化而为石。"

化石为地质古生物学家提供了一个非常实用的"计时"方法。

岩石的层层相叠体现了地球历史事件发生的先后顺序。最先沉淀形成的岩石位于底层，后来沉淀的岩石位于它们的上层，越靠上，岩层越年轻。

由于每一个时期的生物面貌都是不一样的，古生物学家利用地层中化石面貌的差异，为地球的历史划分出各个"朝代"。

€	寒武纪	K	白垩纪
O	奥陶纪	E	古近纪
S	志留纪	N	新近纪
D	泥盆纪	Q	第四纪
C	石炭纪		
P	二叠纪	Pz	古生代
T	三叠纪	Mz	中生代
J	侏罗纪	Kz	新生代

化石还能告诉我们它们活着时的生活环境。

比如，在喜马拉雅山脉的地层里，古生物学家发现了 2 亿多年前的海洋动物化石，说明那时候这里还是一片汪洋大海。

又比如，近年来中国古生物学家在青藏高原发现了许多典型的亚热带生物化石，包括攀鲈、犀牛等动物的化石以及棕榈树等植物的化石，它们生活在 2000 多万年前，说明当时青藏高原的气候类似于今天东南亚地区的气候。正是由于动植物活着时，对气候环境非常敏感，古生物学家才能根据它们的化石，来推断它们生活时该地区的生态环境。

化石还诉说了地球上各个大陆相对移动的历史。

德国地球物理学家魏格纳发现南美洲东海岸与非洲西海岸的恐龙化石和植物化石十分相似。显然，生活在陆地上的巨大恐龙是不可能跨洋过海的，他由此提出了"大陆漂移说"。

魏格纳认为，现在地球上的所有大陆在远古地质时期是连在一起的，被称为"泛大陆"。中生代末期，"泛大陆"解体，分裂成大小不同的陆块，并向不同方向缓慢地漂移，直至漂移

到现在的位置，形成了今天各个大陆的分布格局。 到了20世纪60年代，"大陆漂移说"发展为"板块构造说"，现在被认为是地球科学的一场深刻的革命。

化石更是为生物演化论的建立立下了汗马功劳。

达尔文在环球科考途中，在南美洲发现了现已完全灭绝的大懒兽的化石，并注意到它们与现生的树懒十分相似。后来，他在巴西和澳大利亚也发现了和现生物种极为相似，但又不同的动物的化石。

达尔文据此推断：物种并不是固定不变的，而是经历了演化，这些化石中的一些物种也许就是现生物种的祖先。

地质学家喜欢把地层比喻成记录地球历史的一本大书，而古生物学家则把埋藏在其中的化石称作是书中的文字。

睡着的石头会说话，然而，并不是人人都能听懂它们的"语言"，在古生物学家的解读下，化石为我们讲述着有关地球的历史故事。

祝贺你已经成为一名
小小古生物学家了！

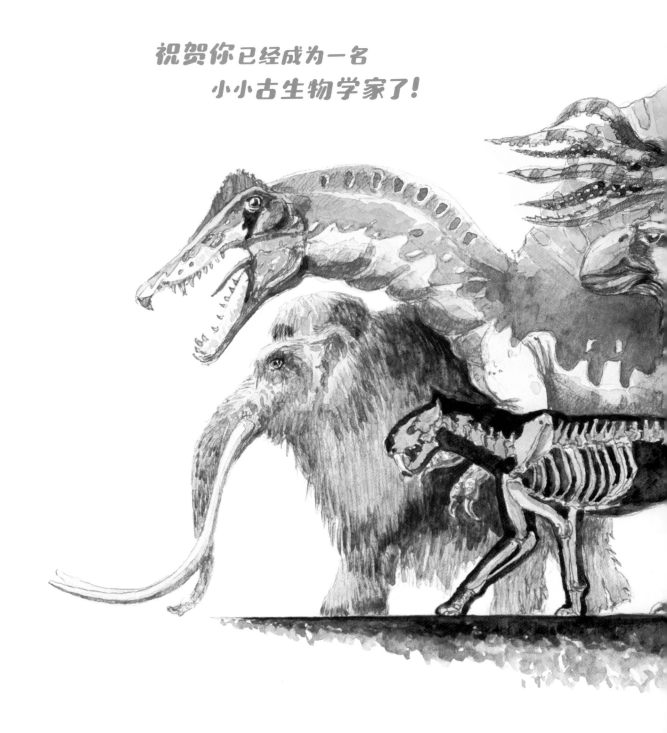

 利用地层中化石面貌的差异进行断代

 根据化石推断过去的生态环境

化石研究的意义 ←

 化石揭示了大陆漂移的历史

 化石为生物演化论提供了证据

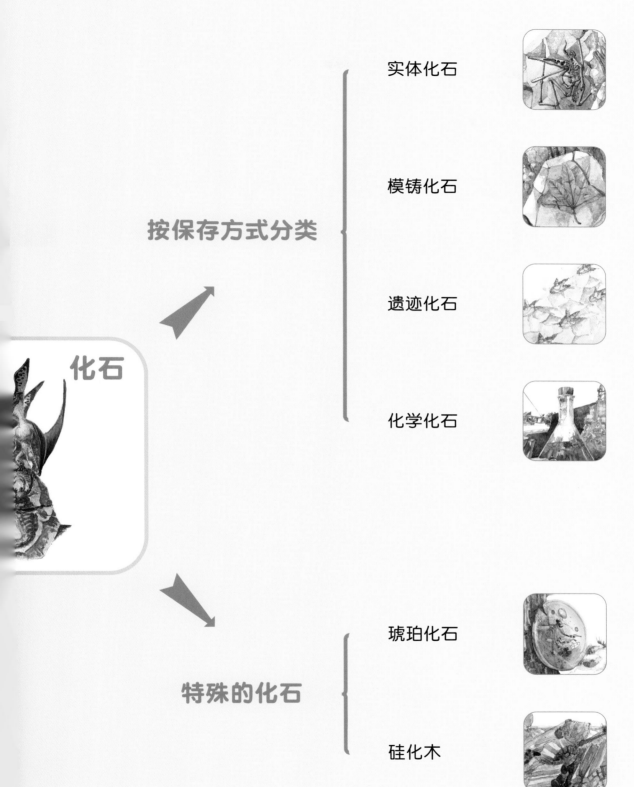

化石

按保存方式分类

实体化石

模铸化石

遗迹化石

化学化石

特殊的化石

琥珀化石

硅化木